中国科学院物理专家 周士兵 编写

星蔚时代 编绘

哈!

看得见的
物理

世界运转的秘密
物质与能量

中信出版集团|北京

图书在版编目（CIP）数据

世界运转的秘密：物质与能量 / 周士兵编写；星
蔚时代编绘 . -- 北京：中信出版社，2024.1（2024.8重印）
（哈！看得见的物理）
ISBN 978-7-5217-5797-2

Ⅰ . ①世… Ⅱ . ①周… ②星… Ⅲ . ①物质 - 少儿读
物②能 - 少儿读物 Ⅳ . ① O4-49 ② O31-49

中国国家版本馆 CIP 数据核字 (2023) 第 114407 号

世界运转的秘密：物质与能量
（哈！看得见的物理）

编　　写：周士兵
编　　绘：星蔚时代
出版发行：中信出版集团股份有限公司
　　　　　（北京市朝阳区东三环北路27号嘉铭中心　邮编　100020）
承 印 者：北京启航东方印刷有限公司

开　　本：889mm × 1194mm　1/16　　　印　　张：3　　　字　　数：150千字
版　　次：2024年1月第1版　　　　　　印　　次：2024年8月第3次印刷
书　　号：ISBN 978-7-5217-5797-2
定　　价：120.00元（全5册）

出　　品：中信儿童书店
图书策划：喜阅童书
策划编辑：朱启铭 由蕾 史曼菲
责任编辑：房阳
特约编辑：范丹青
特约设计：张迪
插画绘制：周群诗 玄子 皮雪琦 杨利清
营　　销：中信童书营销中心
装帧设计：佟坤

目录

物质与能量

　　我们的世界丰富多彩，充满了各式各样的事物，有美丽的鲜花、多变的云朵、清澈的溪流、高耸的建筑、奇妙的生命……这些事物好像并不是一成不变的，它们都在变化、运动，不断改变着这个世界。那我们的世界是由什么构成的？又是什么驱使着世界产生这些变化呢？来听听关于物质与能量的故事，让物理告诉你答案吧。

什么是物质?

组成物质的小微粒们

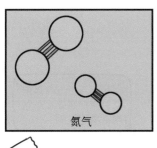

氮气

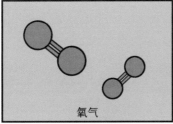

氧气

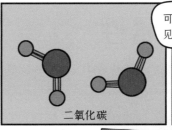

二氧化碳

可是我怎么没见过它们呢?

因为分子太小了,分子直径一般只有百亿分之几米。你在一杯水里找一个水分子就像在地球上找一个人一样。分子不仅肉眼看不见,用一般的光学显微镜也看不见。只有用电子显微镜才能看到。

质子

中子

电子

还有比分子更小的粒子呢。我们再变得更小一点吧。

这么小,真是难以想象。

我已经快要忘记我们最开始看到的是水了。

看,这是原子,分子是由它构成的。你看,在中间的是中子和质子,外面在不停旋转的是电子。

如果我们看到的物质都是由分子这样的微粒组成的,不就像沙子一样吗?

我们如何保持自己的形状,难道不会散开吗?

当然不会,因为微粒之间存在引力。

比如我们拿起一块铁板,铁板没有像沙子一样散开,就是分子之间用引力互相拉住彼此。

我们是好兄弟,手拉手不分离。

但是这种引力如果距离太远就没有了,所以,我们还是可以弄断铁板。

哎呀!我够不到你啦!

除了引力之外,分子间还有斥力。分子间距离越近,这个斥力就越大。

你离我太近了,好挤啊,退回去!

分子还真是很娇气啊,近了不行,远了也不行。

走吧,物质的世界丰富极了,我带你看看更多好玩的东西。

出发!

5

多样的物质属性

我们生活在一个丰富多彩的物质世界中，每一样物质都有自身独特的属性。我们可以用质量、体积和密度等属性来衡量它们，同时我们还可以用很多看到的、听到的、感受到的属性来描述它们。如果我们用微观的方式去观察物质，会发现它们所具有的属性都与构成它们的分子、原子有关。

形状、大小、颜色都是物质的属性，可以用来描述物体。

被分子影响的物质属性

我们吃的面条是面粉做的，馒头也是面粉做的，但是面条和馒头却拥有不同的形状和口感。在自然界中，即使是同样的元素组成的物体，也可能是两种不同的东西哟。你能想象吗？我们生活中写字用的铅笔芯，竟然和坚硬无比的钻石是由同一种元素组成的。铅笔芯是石墨，钻石是金刚石，它们都是由碳原子组成的。

物质还有一些我们看不到的属性，比如磁铁具有磁性。

物体会不会溶解，要试一试才知道。

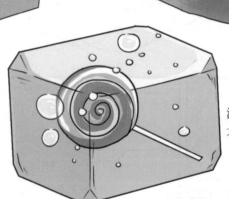

为什么橡胶弹性那么好？

你看这是橡胶的分子，它们排列呈长链状，卷曲在一起。

拉动橡胶就像拉动一团绕在一起的线团，所以它可以被拉伸。

啊，棒棒糖掉到海水里溶解了。

我的贝壳比你的大。

救生圈是不是会浮起来，要放到水中才知道。

看，我发现两个海星。这个是五角形的，这个是六角形的。

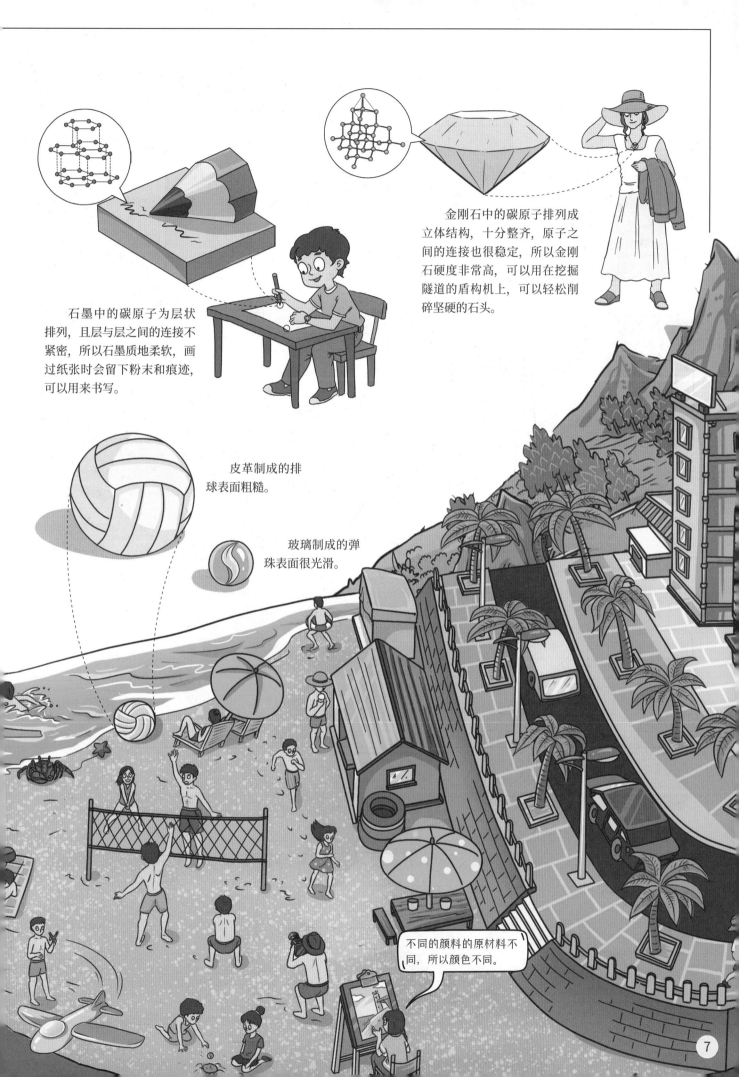

石墨中的碳原子为层状排列，且层与层之间的连接不紧密，所以石墨质地柔软，画过纸张时会留下粉末和痕迹，可以用来书写。

金刚石中的碳原子排列成立体结构，十分整齐，原子之间的连接也很稳定，所以金刚石硬度非常高，可以用在挖掘隧道的盾构机上，可以轻松削碎坚硬的石头。

皮革制成的排球表面粗糙。

玻璃制成的弹珠表面很光滑。

不同的颜料的原材料不同，所以颜色不同。

物质当中的能量

奇妙的物质变化

还有一类物质会随着温度上升而熔化，但是熔化没有固定的温度，熔化时温度还会继续升高。比如玻璃、蜡。

一类物质吸收热量到达一定温度后就开始熔化，在熔化的过程中，虽然还在吸收热量但是温度不变。例如一般情况下，固态冰变成液态水的温度是 0 ℃。

好啦，冰已经变成水了，如果我继续让水吸收热量会发生什么呢？

水越来越少了。

因为水变成气态的水蒸气了。物质从液态变为气态，称为汽化。

液体吸收热量就会汽化。汽化有两种形式：蒸发和沸腾。

你看我一直给水加热，现在它在剧烈地变成气体。

对，这种现象叫沸腾。

我知道，是水烧"开"了。

液体都会沸腾，并且纯净的单一液体沸腾时虽然在吸热，但温度会保持不变，这个温度是液体的沸点。

反过来，物质如果在放热，也会发生物态变化，气态到液态叫液化，液态到固态叫凝固。

哈哈，其实并不复杂，物态变化很常见，也很好用，带你去看一看吧。

熔化、汽化、凝固、液化……熔点、沸点……忽然感觉知道了很多东西。

巧用物态变化

我们身边有很多有用的物质，但很多时候这些物质的形态并不方便被利用。不过，现在我们知道了物质有三种状态——气态、液态和固态，如果我们掌握了让物质转换状态的方法，就可以便利地使用这些物质了。

> 生活中物质的变化可以让我们方便地对物质进行运输和塑形。

工业铸造

金属的用途广泛，生活中很多工具和零件都是金属制成的，那人们是如何把坚硬的金属变成各种想要的形状呢？有一种方法就是铸造。

铸造就是给金属加热，将它从固态熔化成液态，再把液态的金属倒入模具中，利用液体的流动性来塑形。金属冷却后凝固，就成了需要的形状。

青铜铸造

铸造是人类最早掌握的金属加工工艺之一，早在中国遥远的商朝，人们就可以用铸造的方法制造精美的青铜器。

制模

制作模具，用陶土先捏出想做的青铜器的样子，作为模型。

制范

用泥土包裹在模型外面，拿出模型，得到了范。

浇铸

再将熔化的铜液注入，待铜液冷却后，便得到青铜器。

后来，聪明的工匠会使用一种叫失蜡法的制作工艺。

他们先用比较容易塑形的蜂蜡雕出想要制作的器物的模型。

1

然后用泥浆包裹蜡模，制成模具。

2

再用火加热模具，蜡受热熔化流出，就得到了可以浇铸金属的中空的范。

3

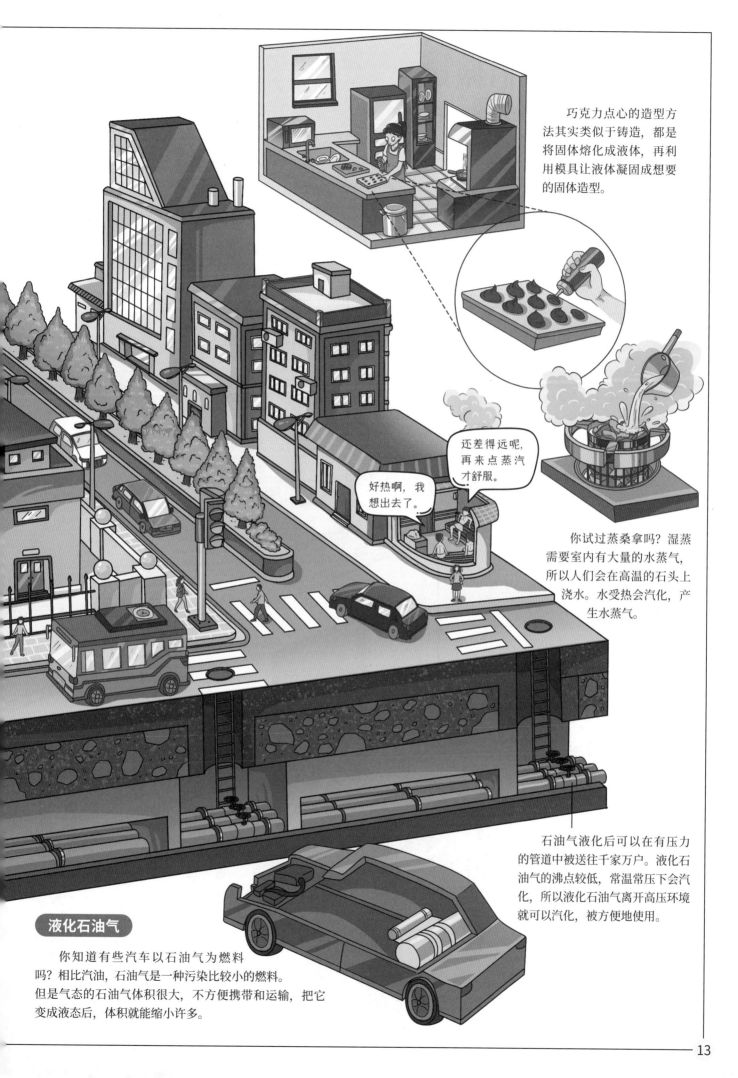

巧克力点心的造型方法其实类似于铸造，都是将固体熔化成液体，再利用模具让液体凝固成想要的固体造型。

你试过蒸桑拿吗？湿蒸需要室内有大量的水蒸气，所以人们会在高温的石头上浇水。水受热会汽化，产生水蒸气。

好热啊，我想出去了。

还差得远呢，再来点蒸汽才舒服。

石油气液化后可以在有压力的管道中被送往千家万户。液化石油气的沸点较低，常温常压下会汽化，所以液化石油气离开高压环境就可以汽化，被方便地使用。

液化石油气

你知道有些汽车以石油气为燃料吗？相比汽油，石油气是一种污染比较小的燃料。但是气态的石油气体积很大，不方便携带和运输，把它变成液态后，体积就能缩小许多。

让物质帮我们搬运热量

物质在改变状态时需要吸热或放热，利用这一性质，我们可以通过一些物质状态的变化来达到转移热量、调节温度的目的。你的家中就有应用这一原理的电器哟。

蒸汽加热

我们常用水蒸气蒸熟食物，因为水蒸气遇到食物液化时会放出更多的热量。同理，要注意别被水蒸气烫伤，蒸汽造成的烫伤会比热水更严重。

带走热量的二氧化碳

喝下碳酸饮料之后，我们会打嗝。气体可以带走许多热量，从而让我们觉得凉爽。

电冰箱

冰箱如何能让内部变冷呢？它是利用蒸发时的吸热作用，把热量从冰箱内部挪到外部来降温的。在冰箱内布有金属管，连接内部的蒸发器和外部的冷凝器。在金属管中装有制冷剂（液态），它在冰箱内部与外部间循环流动。它会在蒸发器中汽化，吸收热量。之后在冷凝器中液化，释放热量。

蒸发器
降温后的制冷剂液体进入蒸发器，制冷剂液体迅速蒸发并吸收周围环境的热量，使得冰箱内温度下降。

冷凝器
冷凝器可以让高温的制冷剂气体散热，冷却为制冷剂液体。

压缩机
制冷剂很容易汽化，压缩机的作用就是把它从蒸发器抽到冷凝器中，并给它加压。

膨胀阀
通过膨胀阀后，制冷剂压力减小。

在饮料中加冰的降温效果远比加凉水的好。因为冰融化时会吸收热量，并且冰在融化时温度会保持在 0℃，所以只要饮料是冰水混合物，它的温度就可以保持在 0 ℃。

空气清新剂的瓶中有压力，可以把容易汽化的清新剂液化。当液体的清新剂喷出时又汽化，汽化会吸热，所以我们使用空气清新剂时可以感到周围的空气变凉了。

空调能让你觉得凉快是因为它把热量"搬"走了。

我还一直以为是它把冷吹进来了呢。

空调

空调的工作方式与冰箱基本相同——压缩机让制冷剂在冷凝器和蒸发器中循环流动，从而将热量从室内带到室外。

干燥的冷空气

蒸发器

风扇

冷凝器

被加热的空气

压缩机

物质的两种变化

物理变化和化学变化共同改变世界

物理变化与化学变化影响着我们生活的方方面面，你所使用的各种东西，甚至吃的食物、吸入的空气和喝的水，都经历过各式各样的物理变化或化学变化。让我们伴随一块小小的矿石，去看看它都经历了哪些变化，才成为一块有用的钢材的吧。

矿石开采

在蕴藏铁矿的地方，人们会使用各种各样的机械把矿石开采出来。如果矿石埋藏得比较浅，会用机械直接开挖。

挖掘机会把矿石和沙土一起挖掘出来，在挖掘的过程中，大块的矿石被切削成小一些的矿石，经历了物理变化。

挖掘出的矿石和沙土会经过筛分机进行筛分。筛分的过程中会一步步碾碎矿石，并且一层层筛分、冲洗，分离出有用的矿石和沙土。这都是使用物理变化来清理出矿石。

炼铁

矿石被清理出来之后，会被送入炼铁厂，在那里完成从铁矿石到铁的转变。铁矿石的主要成分是氧化铁，需要经过化学变化才能变成人们需要的铁。

我们还会根据需要给铁混入其他的金属做成合金。合金是一种混合物，这种处理也是一种物理变化。合金比纯铁有更好的性能。

热风炉

热风炉可以将加热的热空气送入炉中加速反应。

从冶炼厂出产的钢铁还只是半成品，它还要进入轧钢厂进一步加工。在轧钢厂里，人们会通过加热、加压的方式来把钢铁变成各种形状的钢材。

这个过程有点类似于压面条，可以把钢材处理成钢板、线钢、带钢等产品。这是用物理变化来处理钢材。

送料通道

热风管

2 铁矿石在炉中发生化学反应，高温的铁水和废料都被分离了出来。

3 流出的高温铁水就是金属铁了，冷却后成为固态的铁，是物理变化。

1 铁矿石会和石灰石、焦炭混合放入炉中进行加热。

我们用工具把食物切成块是一种物理变化。

不易察觉的物质变化

有些物质变化也许你根本没有察觉到，它们发生在大自然中，甚至是你的身体中。

植物可以进行光合作用，借助阳光的能量把二氧化碳和水分，转变为养分和氧气。光合作用是一种化学变化。

咀嚼食物也是在通过物理方式改变它。

食物在消化系统中被消化酶分解的过程，就是化学变化了。

什么是能量

能量的存储与转化

能量存在的形式多种多样，其运用的方式也千变万化，很多时候我们需要把能量转变成需要的形式才能加以使用。按照物质的不同运动形式分类，能量可分为核能、机械能、化学能、内能、电能、光能等。同时，能量也是宝贵的，我们常常需要把它们存储起来，以备需要时使用。让我们看看生活中我们是如何转化和存储能量的吧。

我们在火电厂中燃烧煤、天然气等燃料，把燃料中的能量转化为电能。

把物体抬高，可以让它具有更多重力势能。我们修建大坝，让水位升高，就是为了让水积攒重力势能。

水从大坝上流下，重力势能转化为动能。

水流动的动能可以带动发电机，发电机发电把动能转化为电能。

无论是火力发电还是水力发电，我们都是把能量转化为旋转机器的机械能，再变为电能。

萤火虫可以用体内的化学物质发光，把化学能变为光能。

有弹性的物体发生形变时，可以积蓄弹性势能，给发条玩具上发条就是把动能变成弹性势能。

音响可以把电能变成声音，声音中也有能量——声能。

22

煤的形成

煤是一种化石燃料，它是由植物残骸转化而来的。同时煤还是一种不可再生资源，因为它转变的过程非常复杂，这个过程不但需要适宜的条件，还要经过亿万年的时间。

沼泽

在理想的环境中，如沼泽、湖泊，植物死亡后的残骸落入水中，在微生物的作用下变成泥炭或腐泥。

随着地壳运动，这些泥炭或腐泥被埋入更深的地层。在压力和温度的作用下，这些泥炭或腐泥转化成为褐煤。

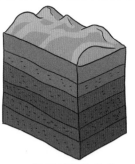

随着时间的推移，褐煤越埋越深，周围的压力和温度也随之上升，于是褐煤经过变质作用变成煤炭。

煤化的时间越长，产生的煤越好。我们根据煤化程度的不同把煤分为泥煤、褐煤、烟煤和无烟煤。

煤炭

褐煤

食物中蕴藏着生物体需要的养分，这些养分通过消化系统，变成我们身体中的养分。

世界各国的煤炭储量差别很大，其中美国煤炭储量为世界第一，第二和第三分别是中国和俄罗斯。

身体中产生脂肪是人体储存能量的一种方式。不过过度肥胖是会危害健康的。

我们的身体通过分解体内的养分获得能量，驱使身体运动。比如翻动书本这种动作就是把营养变成了动能。

电池中有化学制剂，它把能量以化学能的方式存储起来。当我们使用电池时，化学能会转化为电能。

我们使用的能量来源

我们常说人类文明进化的一个重要节点是人类掌握了火的用法。古人燃烧木头，把木头中的化学能变成了热能。这其实就是人类利用外界能源的开始。现在我们已经学会从多种多样的资源中取得能量并加以利用，你熟悉这些能量的来源和它们的使用方式吗？

创造电能

电能十分便利，但是我们无法从大自然中直接收集到电能。所以我们会把各式各样的能量转变成电能，再加以利用，因此人们把电能称为二级能源。你了解这些发电的方法吗？

天然气也是一种燃料，可以燃烧释放能量。

这些燃料的能量来自远古时的生物，而生物的能量从根本上又来自太阳。

石油和天然气的生成

石油是大自然赐予人类的能源宝藏之一，它的用途非常广泛，主要用作生产柴油和汽油。产生石油的主要原料是生物残骸。

风力发电

将风吹动风力发动机叶片旋转的机械能转化为电能，存储在电池中再传输出去。

石油开采

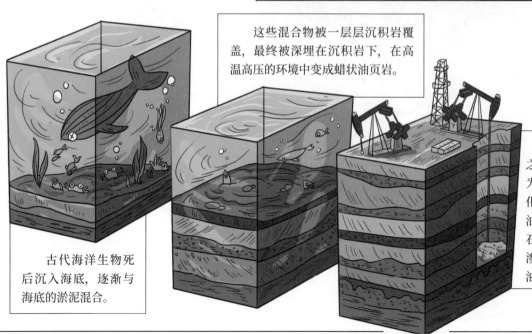

这些混合物被一层层沉积岩覆盖，最终被深埋在沉积岩下，在高温高压的环境中变成蜡状油页岩。

古代海洋生物死后沉入海底，逐渐与海底的淤泥混合。

经过漫长的变化之后，蜡状油页岩会成为气态和液态的碳氢化合物，液态的是石油，气态的是天然气。石油会通过缝隙向上渗透，聚集在一起形成油田。

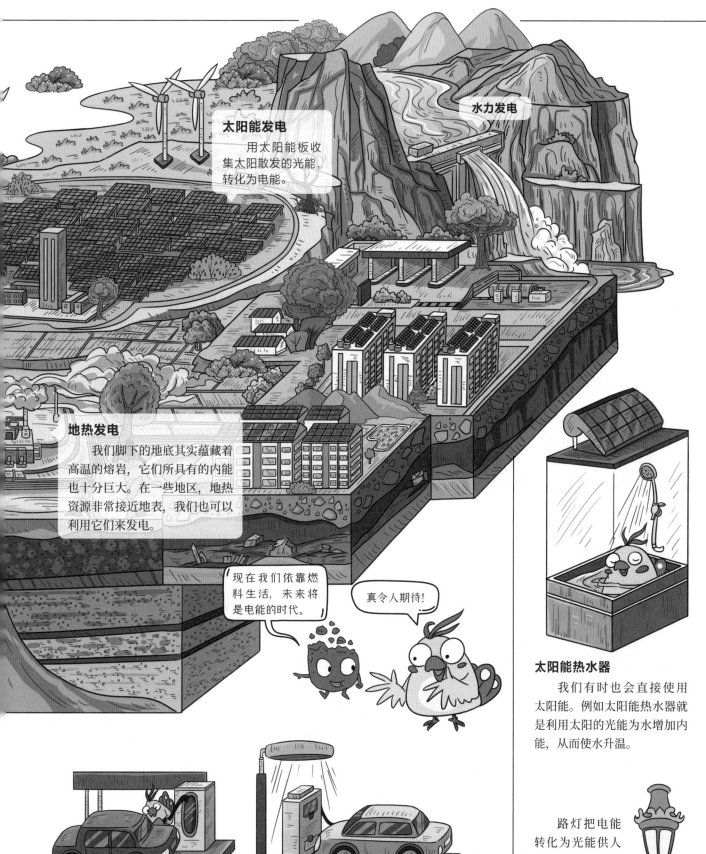

太阳能发电
用太阳能板收集太阳散发的光能，转化为电能。

水力发电

地热发电
我们脚下的地底其实蕴藏着高温的熔岩，它们所具有的内能也十分巨大。在一些地区，地热资源非常接近地表，我们也可以利用它们来发电。

现在我们依靠燃料生活，未来将是电能的时代。

真令人期待!

太阳能热水器
我们有时也会直接使用太阳能。例如太阳能热水器就是利用太阳的光能为水增加内能，从而使水升温。

汽油是最常用的燃料之一，它是由石油加工而成的。石油燃烧可以提供大量的内能，驱动机械运转。因为它对机械的重要作用，被誉为"工业的血液"。

现在也有很多汽车采用电为能源。电能被充入新能源汽车的电池中，从电能转化为化学能，当车辆行驶时，再从化学能转化为电能，让电能驱动电机转动，带动汽车行驶。

路灯把电能转化为光能供人们使用，通过布置在地下或地上的电缆，我们可以轻松地使用发电厂生产的电能。

能量都到哪儿去了?

27

用内能工作的热机

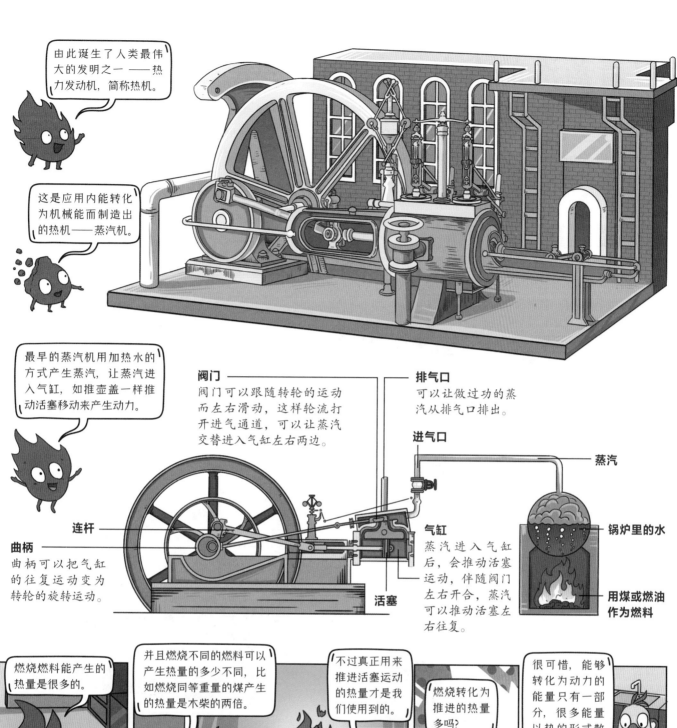

由此诞生了人类最伟大的发明之一——热力发动机，简称热机。

这是应用内能转化为机械能而制造出的热机——蒸汽机。

最早的蒸汽机用加热水的方式产生蒸汽，让蒸汽进入气缸，如推壶盖一样推动活塞移动来产生动力。

阀门
阀门可以跟随转轮的运动而左右滑动，这样轮流打开进气通道，可以让蒸汽交替进入气缸左右两边。

排气口
可以让做过功的蒸汽从排气口排出。

进气口

蒸汽

锅炉里的水

连杆

曲柄
曲柄可以把气缸的往复运动变为转轮的旋转运动。

活塞

气缸
蒸汽进入气缸后，会推动活塞运动，伴随阀门左右开合，蒸汽可以推动活塞左右往复。

用煤或燃油作为燃料

燃烧燃料能产生的热量是很多的。

并且燃烧不同的燃料可以产生热量的多少不同，比如燃烧同等重量的煤产生的热量是木柴的两倍。

不过真正用来推进活塞运动的热量才是我们使用到的。

燃烧转化为推进的热量多吗？

很可惜，能够转化为动力的能量只有一部分，很多能量以热的形式散发出去了。

蒸汽机的能量转化效率只有6%～15%。

即使是我们现在汽车中使用的汽油机，转化效率一般也只有20%～30%。

这么低，也太浪费了。

走，我们去看看那些各式各样的热机。

但是即使这样，蒸汽机也改变了人类的生活。后来人们不断研究，发明了各式各样的热机呢。

冒着蒸汽的大力士

蒸汽机是利用蒸汽的内能推动机械运动的动力机械，它的诞生对人类生产、生活的进步产生了至关重要的影响。从 18 世纪到 20 世纪，各式各样的蒸汽机是世界上应用最广泛的动力源。蒸汽机的发明与发展经历了很多重要阶段，也体现了人类不断追求科学进步的精神。

最早的蒸汽机

早在公元 1 世纪，古希腊就有一位叫希罗的科学家制作了一个用蒸汽推动旋转的球，这被视为最早的蒸汽机。只不过它只是个新奇的玩具，并没有实用价值。

水在密闭的锅中加热。

蒸汽从金属管进入空心球。

蒸汽从空心球的喷口喷出，让球旋转。

瓦特改进蒸汽机

1763 年，英国人瓦特被邀请去一所大学维修一台纽卡门机。聪明的瓦特很快意识到了纽卡门机设计上的缺点。纽卡门机的气缸每工作一次都需要降温，然后再重新加热，这样不但会浪费很多时间，也浪费了很多燃烧所得的热量。于是瓦特将蒸汽冷凝结构独立出来，改进了蒸汽机。

分离式冷凝器
瓦特加装分离式的冷凝器后蒸汽机工作效率提升了 3 倍，这是瓦特对蒸汽机的第一项改造。

纽卡门机

时间快进到 1712 年，一位名叫纽卡门的英国发明家综合了许多科学家的想法，制作出了一台可以为抽水机提供动力的蒸汽机——纽卡门机。他创造性地将蒸汽机与抽水机分开，让蒸汽机成了单独的动力源。在之后的 20 年间，大约有 125 台纽卡门机在欧洲被使用。

蒸汽进入气缸，推动活塞向上运动。之后用冷水给气缸降温，蒸汽液化成水后，气缸内的气压下降，重力和气压让活塞归位。

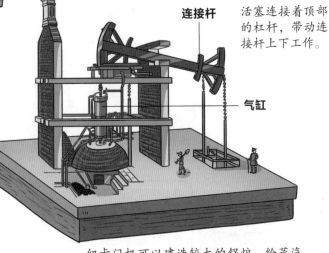

连接杆

活塞连接着顶部的杠杆，带动连接杆上下工作。

气缸

纽卡门机可以建造较大的锅炉，给蒸汽机提供很大的动力。但是它需要人工手动控制蒸汽进出等工作，操作十分烦琐。

瓦特对蒸汽机的改造获得了巨大的成功，到 1824 年已生产 1165 台瓦特蒸汽机。蒸汽机被应用到纺织、造纸、采矿、冶金等工业生产中，让机械替代了手工劳动，这不仅仅是一项科技革新，也引发了社会变革，推动了第一次工业革命。

哇！真是充满力量的伟大机器。

此后，人们又对蒸汽的压力进行了提升，发明了高压蒸汽机，这些蒸汽机体积更小、马力更大，被应用到更多领域。

瓦特双向蒸汽机

虽然瓦特改进了蒸汽机的冷却装置，但是人们对蒸汽机的需求并没有提升多少。瓦特很快意识到如果只能做上下的往复运动，蒸汽机的使用会受到限制。于是他又在蒸汽机上加入了曲柄结构，把往复运动变成旋转运动。此后，瓦特又加入了多种装置改进蒸汽机。

气缸

瓦特在后续的改进中，让蒸汽可以通过调节阀，分别从上下位置轮流进入气缸，这样可以连续不断地上下推动活塞运动。

在后来改进的蒸汽机中，瓦特加入了很多连杆结构，让蒸汽机在运动时可以带动阀门自己控制蒸汽的进出。

瓦特还发明了离心式调速器，可以让蒸汽机稳定恒速地运转。

调节阀

活塞

蒸汽锅炉

冷凝器　离心式调速器

燃烧的载具"心脏"

瓦特改进蒸汽机后，这种用蒸汽提供动力的机械被广泛应用到工业中，随后人们便想到用它来给交通工具提供动力。在技术的快速革新下，由蒸汽机推动的火车很快就遍布了世界的各个大陆，随后出现的由内燃机推动的汽车又结束了人类几千年策马奔腾的时代。至今，以内燃机为代表的热机仍然是我们使用的交通工具中最常见的动力源。

轰隆轰隆,蒸汽火车来了

1　在瓦特改进蒸汽机后，他手下的一名员工就把蒸汽机装在了一辆三轮汽车上。但那时的低压蒸汽机动力很弱，所以这辆车走得非常慢，瓦特觉得没有实用价值。然而这个点子启发了另一位发明家——理查德·特里维西克，他决心造一辆以蒸汽推动的车辆。

2　1804 年，特里维西克成功制造出一辆蒸汽驱动的机车，它载重 10 吨，用了 4 小时走了 15.7 千米。可惜这辆车太重了，压坏了轨道，所以没有被实际应用起来。

特里维西克制造的世界第一辆蒸汽机车。

火箭号

3　不过，特里维西克的成功激励了更多人研究蒸汽机车。1812 年，有人在英国制造了 一辆用齿轮和齿条来前进的蒸汽机车，它在当地一条 6 千米的轨道上，运输了 20 多年的煤炭。

当时因为蒸汽机车的速度太慢，甚至比不上马车，所以大多数煤矿还在用轨道马车拉送货物。

4　为了改变这种现状，1829 年在欧洲利物浦—曼彻斯特的铁路上，蒸汽机车展开了一场别开生面的比赛。参赛的有"无双号""新奇号"和"火箭号"。

汽油机的构成一般都类似，不过气缸的排布方式有很多种。

汽车中的内燃机

比起年代久远的蒸汽机，汽车中使用的内燃机是我们更熟悉的一类热机。燃料在发动机气缸内直接燃烧的热机就被称为内燃机。汽油机、柴油机都是常见的内燃机，分别以汽油、柴油为燃料。

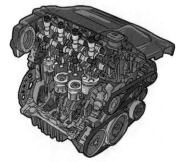

直列发动机
气缸布置成一排，结构简单。

水平对置发动机
气缸互相对置，震动较小，节省空间。

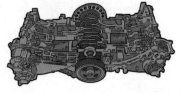

V 型发动机
可以在有限的空间布置更多的气缸，获得更大的动力。

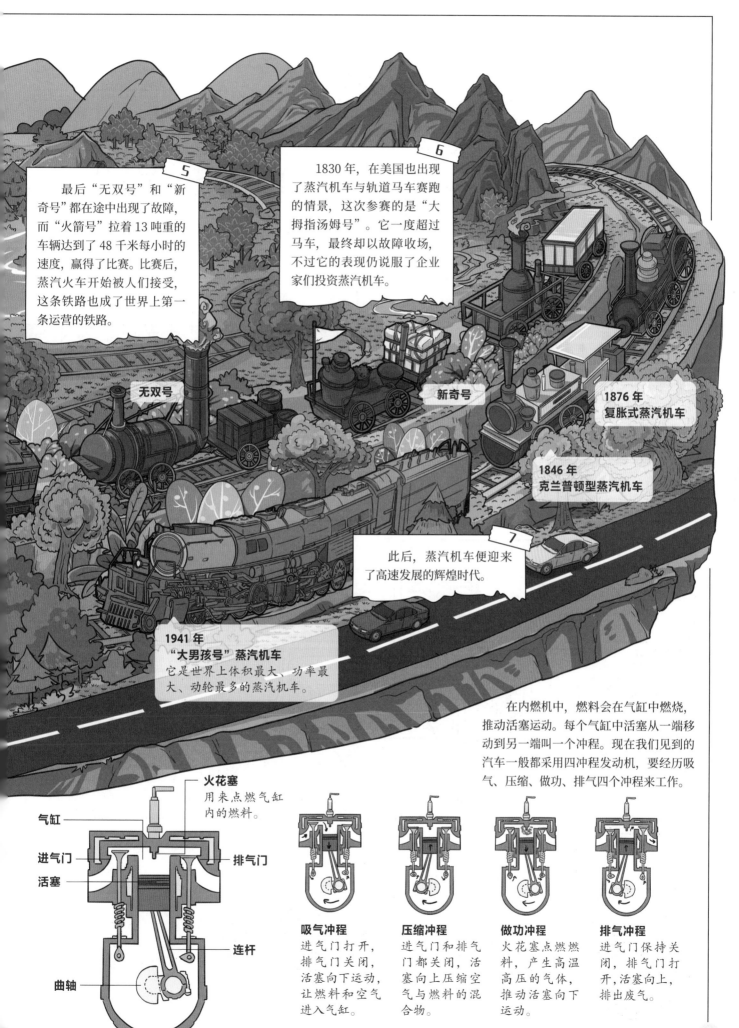

5

最后"无双号"和"新奇号"都在途中出现了故障，而"火箭号"拉着13吨重的车辆达到了48千米每小时的速度，赢得了比赛。比赛后，蒸汽火车开始被人们接受，这条铁路也成了世界上第一条运营的铁路。

6

1830年，在美国也出现了蒸汽机车与轨道马车赛跑的情景，这次参赛的是"大拇指汤姆号"。它一度超过马车，最终却以故障收场，不过它的表现仍说服了企业家们投资蒸汽机车。

无双号

新奇号

1876年
复胀式蒸汽机车

1846年
克兰普顿型蒸汽机车

7

此后，蒸汽机车便迎来了高速发展的辉煌时代。

1941年
"大男孩号"蒸汽机车
它是世界上体积最大、功率最大、动轮最多的蒸汽机车。

在内燃机中，燃料会在气缸中燃烧，推动活塞运动。每个气缸中活塞从一端移动到另一端叫一个冲程。现在我们见到的汽车一般都采用四冲程发动机，要经历吸气、压缩、做功、排气四个冲程来工作。

火花塞
用来点燃气缸内的燃料。

气缸

进气门

活塞

排气门

连杆

曲轴

吸气冲程
进气门打开，排气门关闭，活塞向下运动，让燃料和空气进入气缸。

压缩冲程
进气门和排气门都关闭，活塞向上压缩空气与燃料的混合物。

做功冲程
火花塞点燃燃料，产生高温高压的气体，推动活塞向下运动。

排气冲程
进气门保持关闭，排气门打开，活塞向上，排出废气。

被传递的热量

热死我啦!

啊! 好烫!

你没事吧? 那杯水是刚从热水壶中倒出来的。

为什么刚才还好好的杯子加了热水就变烫了呢? 我碰的是杯子, 又不是热水。

因为热量会传递啊。

我来演示给你看, 比如我们把水倒入这杯冰中。它们都是水, 冰的温度比水低。

之前我告诉过你, 构成物质的分子具有内能, 同样的物质, 内能越多, 温度越高。

从微观看, 具有更多内能的水分子会比冰分子的热运动更剧烈。

这时, 内能会从一个分子传递到另一个分子, 就像分子想要让另一个分子和它一起运动一样。

给你点内能, 你也和我一样动起来吧!

在这种传递中, 传递内能的多少就是热量。最终, 所有的水分子会有相同的内能, 用同样的速度运动。

这时, 我们再看整体的冰水, 温度高的水已经把冰融化了, 整杯水变成了同一个温度。

这种热量的传递在不同物质, 不同的分子间也存在。所以热水把热量传递给了杯子, 杯子温度升高烫到了你。

那我们可以阻止这种热传递吗?

这恐怕不行。

这种热传递是自发的, 并不受控制, 只要有温度不同, 就会发生热传递。

这些热量你快拿走, 我控制不住我自己。

这种热传递总是从高温到低温, 不会从低温传递到高温。

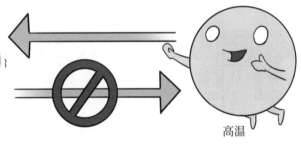

低温　　　　　　　高温

影响生活的热传递

在我们这个由物质构成的世界中，到处都在进行着热传递。小到你盘中的食物在慢慢变凉，大到整个地球的气候、生命的诞生都与热传递息息相关。理解和利用热传递对我们的生活有着重要的意义。

城市中有很多建筑物，它们大多是混凝土结构，相比水，它们的比热容小，热量传递时，温度变化会更明显一些。不过，城市中生活的人、车辆等都会散发热量，让城市的温度变化比野外小。

物质的比热容

如果你经常出去旅游，就会发现一个有趣的现象，沿海地区的昼夜温差比内陆要小很多，并且一年中的气温变化也不会很剧烈。这是为什么呢？其实这都是海水的功劳。相同质量的不同物质，吸收相同的热量后，其升高的温度是不同的。

经过研究，人们用一种叫比热容的量来计算物质吸收热量与提升温度的关系。比热容越高的物质，提升相同温度时需要吸收的热量越多。水就是一种比热容较大的物质。

减少热量传递的保温瓶

保温瓶的巧妙设计减少了热量的传递，从而能为装入其中的物质保温。

塞紧的瓶塞

瓶塞一般采用橡胶、木头这种热的不良导体制作而成，密闭性强的瓶塞阻止了瓶中空气与外部空气接触，减少了热传导。

真空
保温瓶会把内胆和外壁之间的空气抽掉，制造出一个真空层。因为没有传导热量的介质，热量传导大大降低。

涂银的瓶壁
银层可以阻挡热辐射，减少热量在真空中传播。

热水或冷水

支撑物
固定内胆的支撑物也会使用热的不良导体制作。

建造建筑物时，工程师要考虑材料的热胀冷缩，不然建筑物变形会有坍塌的危险。

风可以带走热量。建筑物的墙体阻止了空气的热对流，所以可以保温。

物质传递热量的能力不同，其传递能力还会随物态的变化而变化。一般来说，金属的导热能力都很强，而非金属的导热能力差。和气体相比，液体的导热能力更强。

在建筑物的墙壁中也有用于减少热量变化的结构。在墙壁中有导热性差的材料制成的保温层，也有一些中空的建筑材料来降低墙面的导热性。这样可以更好地保持屋内温度。

沙子是一种比热容较小的物质，所以当有太阳照射时，温度会快速上升。当夜晚没有太阳辐射传递热量时，沙子又会快速降温。所以沙漠地区昼夜温差非常大，白天炎热，夜晚寒冷。

因为水的比热容很大，所以海水可以在阳光的照射下吸收很多热量，但温度上升却很有限。夜晚到来时，流失热量的水温度下降也并不多。

为什么桥上经常见到这种缝隙呢?

这叫伸缩缝，因为桥梁会因为热胀冷缩而产生形变，这个缝隙是给桥梁形变预留的空间。

温度计

物体受热，温度上升后，通常会发生膨胀，产生形变。温度变化越大，形变程度越大。具体表现为热胀冷缩。而温度计就是应用这一原理制作的。

通常使用的温度计内装有酒精或水银。

液体受热后，体积会膨胀，于是挤入细细的管中向上爬升。这样我们就可以通过观察液面的高度来判断体积膨胀的程度，从而知道现在的温度。

37

人类的伟大发现——核能

终于找到你们了，我有个问题想问你们。

说吧，你又发现什么了？

哈哈，你的好奇心越来越旺盛了。

自从知道了能量，我就开始关注能源问题。这里说核聚变有望彻底解决人类的能源问题。核聚变是什么？这么厉害？

核聚变是核能释放方法的一种，还有一种叫核裂变。

裂变

聚变

核能又是什么？

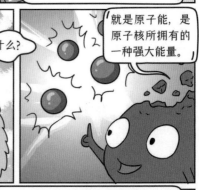

就是原子能，是原子核所拥有的一种强大能量。

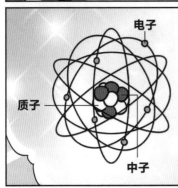

电子

质子

中子

我们讲过构成物质的微粒——原子吧。这是一个原子的模型，它由中间的质子和中子构成的原子核，加上外面运动的电子组成。

其实这个模型只是为了让你看清结构，实际情况下，假如把这个原子的大小比作一个广场，中子和质子组成的原子核只有豌豆这么大。

这也太夸张了！

还有更夸张的呢，别看这个原子核这么小，它却有着原子几乎所有的质量。因为质子和中子，哪一个的质量都是电子的1800多倍。

在这样的原子中，质子和中子由强大的核力吸引在一起，组成牢固的原子核。

我们都是好兄弟。

那跟能量有什么关系？

这种核力的能量非常惊人，如果把质量大的原子核分开，就会释放巨大的能量，称为核裂变。

反过来，如果把两个小原子核合在一起，组成新的原子核，也会释放巨大的能量，这是核聚变。

经过实验，科学家可以用中子轰击质量较大的原子核，让它分裂成两个原子核，释放能量。

这就像用手枪发射子弹把原子核打散了一样。

这听起来真厉害，不过如果要一直获得核裂变的能量，是不是要不停地"打"原子核呢？

对，不过有个简单的办法可以自动完成"打"的过程。你看这些骨牌，如果我推倒第一块会发生什么？

后面的骨牌也会被前面倒下的骨牌击倒。

对，核裂变也可以像骨牌一样。

我们可以用一个中子轰击原子核，然后原子核断开时会释放能量，同时还会释放几个中子，这些中子还会击中其他的原子核，然后裂变就会像骨牌一样传递下去。

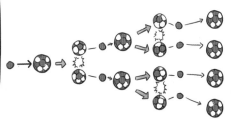

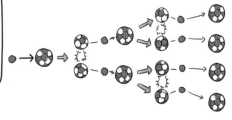

如果我们让 1 千克的铀完全裂变，释放的能量超过完全燃烧 2000 吨煤呢。

真难以想象啊！

那我们让这种原料一次都反应吗？

一次都反应太危险了，裂变在一瞬间，可以发出毁灭性的能量。原子弹所应用的就是不受控制的核裂变。

太可怕了。

不过现在科学家已经掌握了控制核裂变的方法，所以我们可以建造核电站使用核裂变释放的能量。

核聚变有着更强的能量，我们用不受控制的聚变反应制造了氢弹。

可惜我们还没有办法稳定地控制聚变反应，所以离它的应用还有一段距离。

现在世界上已经有数百座核电站，它们制造了世界 1/5 的电能。

我们去看看核电站是如何工作的吧。

我们如何使用核能

在传统的火力发电站中，我们通过燃烧燃料来发电。但是这种方式获得的能量远小于燃料本身具有的能量，效率不高，还会造成空气污染。而核能是一种形式完全不同的能量，核反应会把作为燃料的原子变为其他的原子，用很少的燃料就能产生巨大的能量。不过，核能也很危险，需要小心控制，而这种反应本身和反应产生的废物都会发射有害的辐射，所以核电站都需要严密的防护。

什么是核电站？

核电站是一种特殊的发电厂，它使用核能来产生电力。它们通常由一系列的核反应堆组成，这些反应堆中的核燃料（如铀）会经历核裂变反应，释放出大量的能量。

核电站的工作原理

核电站使用核燃料，比如铀作为燃料。当铀核裂变时，它会释放出热能。这些热能用来加热水，将水转化为蒸汽。蒸汽推动汽轮机旋转，汽轮机连接的发电机就会产生电力，这样核能就能被转化为电能。

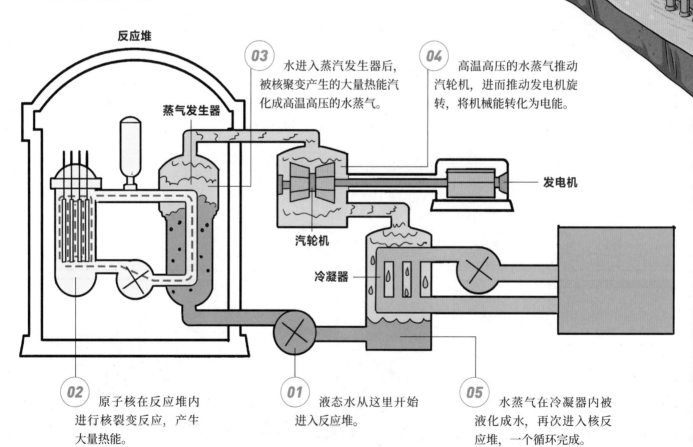

反应堆

蒸气发生器

03 水进入蒸汽发生器后，被核聚变产生的大量热能汽化成高温高压的水蒸气。

04 高温高压的水蒸气推动汽轮机，进而推动发电机旋转，将机械能转化为电能。

发电机

汽轮机

冷凝器

02 原子核在反应堆内进行核裂变反应，产生大量热能。

01 液态水从这里开始进入反应堆。

05 水蒸气在冷凝器内被液化成水，再次进入核反应堆，一个循环完成。

还在实验中的核聚变

你知道吗，为我们提供能量的太阳就是通过核聚变来产生能量的。所以如果我们掌握了核聚变技术就可以创造出我们自己的小太阳，解决能源问题。并且核聚变所需的原料可以通过水和锂获得，锂是一种广泛存在的矿物，可以说取之不尽。不过，要达到核聚变的条件需要上百万摄氏度的高温，想要制作能够承受这种工作环境的反应堆十分困难。

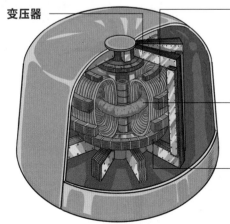

变压器

环形管
可以加入燃料气体。

等离子体
当注入环形管中的气体被加热到非常高的温度时会形成等离子体，它受磁场影响，高温和高压可以使它产生聚变反应。

磁场线圈
通过强电后可以给环形管施加强力的磁场。

利用好能源，保护环境

人类对能源的利用给生活带来了诸多方便，但使用能源也有一定的副作用。一些能源的使用会造成环境污染，这些污染不仅会危害我们的健康，还可能对地球造成无法弥补的伤害。所以，我们要研究更好利用能源的方法，以保护我们共同的家园。

雾霾

雾霾是一种空气污染，它是由雾和霾组成的。雾是空气中的小水滴，霾是空气中的烟尘等非常细小的颗粒物，这些颗粒物溶入雾中会形成雾霾。雾霾会造成人类呼吸系统的疾病。

不当使用能源造成的危害

温室气体

燃烧化石燃料时，会产生二氧化碳等气体，因为这些气体会产生温室效应，所以被称为温室气体。本来动植物的呼吸也会产生二氧化碳，但植物的光合作用可以消耗这些二氧化碳。燃烧所产生的二氧化碳会远高于植物正常的消耗，所以就产生了温室效应。

酸雨

燃烧化石燃料还会产生二氧化硫等物质，这些物质进入云层，被云中的小水滴吸收就会产生带有酸性的雨。这些雨可以毒害植物、损害人体健康、腐蚀建筑物。

温室效应

我们的地球通过获得太阳辐射的能量来获得热量，同时，地球也会把一定的能量辐射到太空中。这样让我们的地球保持了一个适于生物生存的温度。但一些二氧化碳之类的气体分子会阻挡地球这种热辐射，把热量困在地球上，让地球如温室般升温。

保护环境我们可以这样做

能量不是守恒的吗？为什么我们还要节约能源呢？

虽然能量会守恒，但是很多能量会在实用中以其他不必要的形式消耗掉。以现在的技术，我们并不能把这些损耗回收再利用，所以我们能利用的能源是有限的，需要珍惜。

可再生能源

相比于化石燃料，风能、水能、太阳能等能源可以源源不断地从自然界获取，所以被称为可再生能源。可再生能源不会造成环境污染，将可再生能源转化、使用是我们未来发展的目标。

节约能源

生活中我们可以减少汽车的使用，短途选择步行或者骑自行车出行。

增加绿化

植物可以有效地消耗二氧化碳，减少温室气体，所以增加绿化可以有效地改善环境，减少我们燃烧化石燃料所造成的危害。

新能源汽车

传统汽车主要使用汽油和柴油作为燃料，久而久之，它们会消耗许多石油资源，排放的尾气还会污染环境。为了改善这种情况，人们发明并使用新能源汽车——它们主要是靠电力驱动的，更加环保。如今欧洲已准备逐步淘汰燃油车，以减少碳排放。

出行时尽量选择公共交通工具，以减少能源的消耗。

分类回收垃圾

你知道吗，我们生活中使用的很多物品也是由化石燃料制成的。例如塑料、化纤都需要石油作为原材料。回收再利用这些垃圾可以减少我们对于化石燃料的消耗。

不可再生资源

不可再生资源是指那些我们不能无限制地使用和替代的资源，包括矿产资源、水资源、土地资源等。这些资源存在于地球上，但它们的数量是有限的，不能被迅速地再生或恢复。保护不可再生资源非常重要，我们可以通过节约用水、减少能源消耗、回收利用等来保护这些资源。

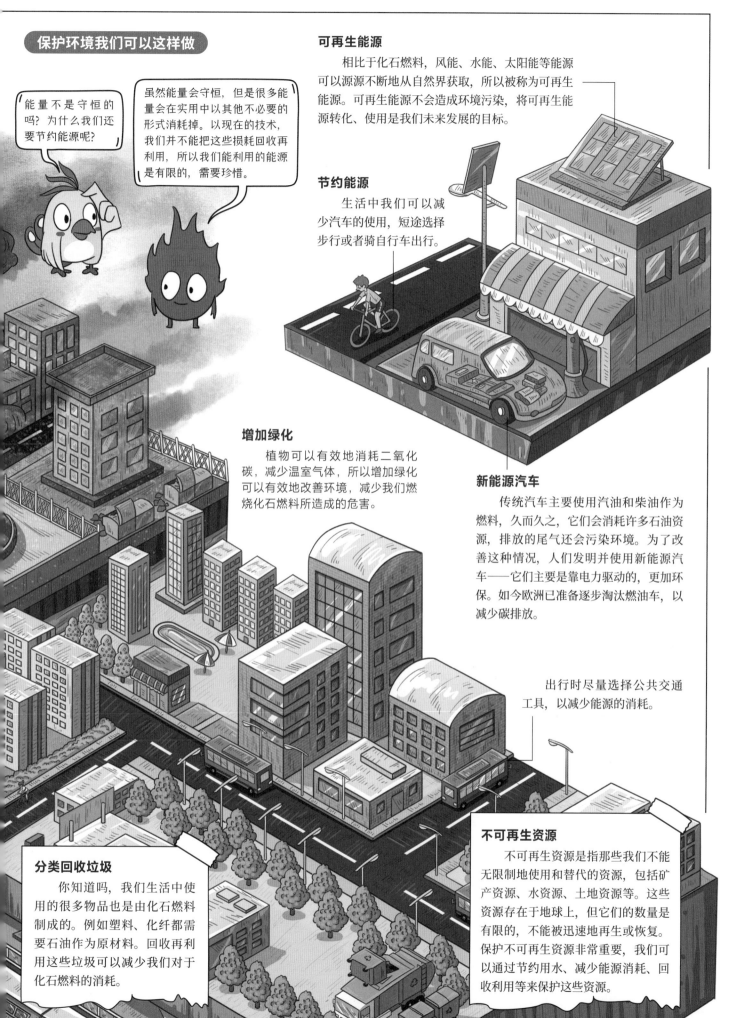